AF494574

NOTICE

SUR LES

SOCIÉTÉS D'AGRICULTURE

DES

HAUTES-ALPES

AN VII—1821

GAP
IMPRIMERIE DE P. JOUGLARD
1853.

Société libre d'Agriculture, des Sciences et des Arts. — An VII. — An XI.

Au moment où s'établit dans les Hautes-Alpes une société d'agriculture, il n'est pas sans à propos de jeter un coup d'œil sur les sociétés qui l'ont précédée dans la carrière, d'indiquer leur influence sur les différentes branches de la science agricole. La première de ces sociétés fut fondée en l'an VII. A cette époque, l'œuvre de la Révolution est à peu près accomplie. L'ancien régime est mort; l'organisation départementale a créé l'unité territoriale de la France; l'ordre nouveau est profondément implanté dans le sol, par la vente, le morcellement des vieilles terres féodales, religieuses et seigneuriales; le droit français, déjà ébauché, attend le génie des temps modernes qui le coulera en bronze pour l'avenir.

La révolution, d'autre part, a vaincu ses ennemis. On la haït, mais on la craint à Londres comme à Vienne; reste une autre guerre plus difficile peut-être, guerre à la routine, à l'apathie des populations rurales : il ne faut pas que ces belles terres des couvents, des seigneurs restent improductives entre les mains de leurs nouveaux maîtres, les paysans. La révolution veut donc détruire les erreurs, les préjugés des campagnes. Dès son premier âge, elle a pour l'agriculture des regards d'amour. Partout, dès 89, en 90, 91, on s'occupe de la bonne mère nourrice, on la flatte, on la caresse.

A un certain moment, tandis que le canon tonne, que la

France est envahie, que la guerre civile éclate de tous côtés, en ces jours de danger et de mort, l'agriculture ne cesse d'être honorée, les chars des fêtes publiques sont chargés des fruits de la terre. 1848 a suivi cet exemple, les cultivateurs, quand la noblesse périt, quand la bourgeoisie chancelle, deviennent les premiers de l'Etat.

La France de 89 à 93 est inondée de brochures, de livres sur ce grave sujet. La Cour en parle, Necker en parle, et la Constituante, et la Législative, et la Convention. Les hommes de la terreur glorifient le laboureur et la charrue; Fable d'Eglantine compose ce calendrier républicain tout agricole, et, à bien des égards, préférable au nôtre; Robespierre, à la fête de l'Être-Suprême, porte un gros bouquet d'épis de blé. Une phraséologie sentimentale, née de Rousseau, envahit toutes les classes de la société. Florian et Gessner sont au faîte de leur gloire; si Marie-Antoinette se faisait bergère à Trianon, Fabre, l'ami de Danton, composait des pastorales au milieu du jardin des Tuileries planté de pommes de terre.

Sous le Directoire, l'engouement continue. Les ministres se font eux-mêmes les précepteurs des campagnes. Des lettres signées Benezech, de Ramel, indiquent les moyens de détruire les chenilles, les hannetons, les loups, etc. En l'an IV toute une série de questions sur l'agriculture est adressée aux départements, aux districts, aux cantons. Les réponses manuscrites, si elles étaient recueillies, formeraient une précieuse collection pour l'histoire statistique et agricole.

Les Hautes-Alpes participent au mouvement général; M. Farnaud écrit, et M. Villard; d'autres encore. Le 18 octobre 1791, Villard adresse aux administrateurs un long mémoire emphatique pour les engager à acquérir l'herbier de M. Chaix, son compagnon d'études, son maître en botanique. Le 18 septembre 1792, spectacle touchant, imprévu, ce même M. Chaix, curé de la Roche et plus tard des Baux, prononce devant les administrateurs attentifs son *récit historique et moral sur la botanique*. Ce discours est tout parfumé de Virgile; le curé se fait volontiers païen; on y trouve *la milice de l'aimable Flore, les étendards de Flore*, etc., etc. Les administrateurs applaudissent; le procureur général syndic requiert (le mot y est) l'impression du discours, l'assemblée l'accorde et proclame M. Chaix le *démonstrateur de botanique* du département. Le 19 vendémiaire an III, les administrateurs arrêtent l'établissement d'une pépinière départementale et lui assignent l'enclos de l'hôpital actuel.

Cependant sur tous les points de la France s'établissaient des sociétés d'agriculture. Une lettre du ministre Letourneux, en date du 3 floréal an VII, recommande aux administrations départementales l'institution de ces sociétés. Le ministre déclare que l'agriculture seule peut faire le bonheur des hommes, en les éloignant des factions, maintenant la pureté des mœurs, etc. Jean-Jacques n'aurait pas mieux dit. Ces recommandations ne furent pas inutiles dans les Hautes-Alpes. Les cantons pressés de désigner des citoyens capables de faire partie de la société, ou au moins de correspondre avec elle, en trouvèrent 300 dignes de cet honneur. Nous avons encore leurs noms et ceux de leurs communes. Sur 38 cantons qu'il y avait alors, trois n'ont pas répondu; trois autres, Ville-Vieille, Abriès, Villard-Saint-Pancrace ont déclaré qu'ils ne pouvaient prendre part au mouvement. Le dernier ajoute même, non sans quelque malice : « Nous souhaitons bien que nos concitoyens profitent mieux des moyens de bonne culture qui leur seront offerts que de l'école centrale pour la culture de l'esprit et l'éducation de leurs enfants. »

Malgré cela, 300 citoyens et plus se montraient disposés à soutenir vivement l'administration. Nous avons les lettres de quelques-uns, elles respirent une sorte d'enthousiasme. « Je ne doute pas, s'écrie M. Marcellin Tanc, du Val-des-Prés, je ne doute pas que l'agriculture ne cesse bientôt d'être l'esclave de la routine pour devenir la fille de la bienfaisante philosophie, à qui les Hautes-Alpes devront un jour une prospérité que la nature seule ne peut lui donner. » Laissons de côté, si vous le voulez bien, la bienfaisante philosophie et sa lignée, et jetons un coup d'œil sur le règlement de la nouvelle société, publié par l'administration le 18 brumaire an VII. Le langage à la mode se retrouve encore là. « Considérant que l'agriculture bonifie, fructifie, *embellit* les campagnes et procure par de riches moissons l'abondance et le vrai bonheur, etc. »

Parmi les articles, notons les suivants :

« Art. III. Les membres de la société se dévoueront généreusement à l'utilité et au bonheur communs : leurs fonctions seront gratuites.

« Art. VII. Pour être sociétaire, il faut être propriétaire, âgé de 25 ans, et avoir donné des preuves d'attachement à la République.

« Art. VIII. La société se compose dès maintenant de 54 membres. »

Suit la liste de ces 54 membres, au nombre desquels figurent deux représentants, MM. Bontoux et Lachau, et de plus, MM. Chaix, le botaniste, et Farnaud.

La séance d'inauguration eut lieu le 20 frimaire suivant ; le procès-verbal, minuté de la propre main de M. Farnaud, dépeint avec complaisance la pompe de cette cérémonie. Les 23 membres présents nommèrent président et secrétaire MM. Bontoux et Farnaud. Plusieurs discours furent prononcés et vivement applaudis ; dans l'intervalle des discours, la musique exécutait les airs chéris de la liberté (la *Marseillaise*, le *Chant du départ*), tandis que le chœur—je cite textuellement —prononçait successivement les paroles. Dans la seconde séance, qui se tint le 18 germinal, on mit au concours plusieurs questions d'économie rurale, par exemple: indiquer les différentes espèces de terre du département; et encore: comment empêcher la dévastation des bois? Malheureusement après cette séance, plus de procès-verbaux. M. Farnaud, paraît-il, se chargea de tout le travail de correspondance avec les sociétés étrangères, les membres non résidants, les ministres. Ceux-ci ne perdaient point de vue ces utiles institutions; ils excitaient, comme ils pouvaient, le zèle agricole des citoyens. Une circulaire du ministre François de Neufchâteau (21 ventôse an VII) porte: « Ouvrez l'histoire, montrez aux habitants le déplorable sort des nations sans philosophie, et l'heureuse situation d'un peuple qui marche sous les étendards de la philosophie et de la liberté. » Cette circulaire était adressée aux administrateurs et aux sociétés d'agriculture. Je sais à peu près ce que fit l'administration des Hautes-Alpes, quant à la société d'agriculture, elle ne fit rien, elle ne vivait qu'à peine. Il faut à une telle société un journal et elle n'en avait pas. Il ne suffit pas de glisser dans l'oreille de son voisin une foule d'incontestables vérités et d'ajouter comme les charlatans: « Allez! qu'on se le dise! » Il faut un organe puissant et estimé qui parle aux agriculteurs avec autorité. La société ne parut pas y songer, ou, peut-être, l'argent manqua. Elle tint ses séances obscures, inconnues, très-inutiles jusqu'à l'an XI, époque où la volonté de M. Ladoucette lui imposa un autre nom, modifia son règlement, la stimula de toutes les manières. Mais dès lors elle est la société d'émulation et nous la traitons à part. Pour la société de l'an VII, elle meurt sans avoir rien fait, sans laisser aucun souvenir. Son influence fut nulle, tout le constate, et en nivose an X, le citoyen Bonnaire, préfet, put écrire dans son mémoire présenté au premier consul : « L'agriculture a fait bien peu de progrès dans le département des Hautes-Alpes ; les innovations les plus salutaires y sont repoussées par suite de l'ignorance qui règne, surtout dans la campagne. Cependant les produits d'un sol généralement ingrat sont à peu près les seuls moyens d'existence des habitants. »

Société d'émulation, 1802-1814.

La tentative précédente avait complètement échoué. Il fallait néanmoins, par des mesures énergiques, arracher le pays à une ruine imminente. Un état de misère indicible régnait dans les Hautes-Alpes. Là le Conseil général semble créé tout exprès pour formuler les plaintes populaires. Lisez les procès-verbaux du Conseil de l'an VIII à l'an XII, vous serez saisi de pitié. Les invasions ennemies, les réquisitions de toutes sortes, les incendies, les torrents, les gelées, les tempêtes accumulent d'effroyables maux sur ce malheureux département. « Si la bienveillance du Gouvernement, dit le conseil, ne se prononce fortement en notre faveur, les Hautes-Alpes finiront bientôt par être retranchées du nombre des pays habitables. » Au moment où cette plainte terrible retentissait, un nouvel administrateur, M. Ladoucette prenait possession de la préfecture des Hautes-Alpes (4 plairial an X). La pensée constante de ce préfet fut d'arracher le pays à l'inertie qui le tuait. Morale, agriculture, science, littérature, il employa tout pour relever le courage des habitants. Le deuxième jour complémentaire de l'an X, il prend l'arrêté suivant qui nous a paru résumer en quelques lignes la vaste entreprise à laquelle il se dévouait.

« A la fête du 5 vendémiaire an XII, le préfet décernera les prix suivants :

« 1° A qui aura fait la plus belle action, *un buste remarquable du premier consul.*

« 2° A qui aura fait ou perfectionné l'établissement le plus utile en industrie, comme manufactures, exploitation de houille, tourbe, etc., *une médaille d'or.*

« 3° A qui aura mieux décrit, en prose ou en vers, les avantages de l'industrie et les développements dont elle est susceptible dans les Hautes-Alpes, *une médaille d'argent.*

« 4° A qui aura fait les constructions les plus utiles en agriculture, tels que canaux, digues, etc., *une grande charrue complète.*

« 5° A qui aura fait le plus de plantations et de semis, *un taureau suisse de deux dents..*

« 6° A qui aura fait le plus de prairies artificielles, *une génisse suisse.*

« 7° Au garde rural ou forestier qui aura le mieux rempli ses fonctions, *un habit complet.*

« 8° Sur un tableau placé à la préfecture, seront inscrits les noms des personnes qui auront remporté les prix.

« Pourront y être inscrits les noms des personnes qui en auront le plus approché. »

C'est par de pareils moyens et non par des paroles qu'on obtient de grands résultats. M. Ladoucette saisit tout d'abord ce puissant levier, l'émulation, et s'en sert avec un bonheur qui a rendu son nom immortel dans le pays. Mais pour former de bons agriculteurs, des écrivains remarquables, il ne suffit pas de décerner des prix, il faut donner des conseils, mettre des exemples sous les yeux. Ainsi, il fallait faire connaître au département les meilleures méthodes de culture, les instruments de labour les plus avantageux au pays; indiquer les travaux qui détruiraient les causes de pertes et de ruines, etc. etc. Il s'agissait de trouver des hommes dévoués qui se fissent instituteurs agricoles. Le nouveau préfet se tourna vers la société d'agriculture qui existait encore, mais impuissante; il lui adjoignit M. Rolland, aucien constituant, homme modeste, savant distingué, auquel il a manqué un plus vaste théâtre. Il donne à la société le nom de *Société d'émulation*, agrandit son cercle d'action, s'en déclare le président, et mérite par cette initiative généreuse d'en être appelé le fondateur. Cette société, il la dota de toutes les forces qui pouvaient la faire vivre avec honneur, avec gloire.

Pour qu'une institution de ce genre réussisse il lui faut: 1° la protection efficace, continuelle de l'administration; 2° un noyau d'hommes intelligents et énergiques, trois, quatre au plus qui se mettent courageusement à la tête, fassent toute la besogne de manière que la société n'ait plus qu'à écouter, à applaudir, à critiquer, à modifier. Or, la société d'émulation eut ces deux forces; son fondateur était en même temps administrateur du département; en second lieu MM. Ladoucette, Farnaud et Rolland, étaient le noyau actif; ils étaient, qu'on nous passe le mot, les meneurs de la société, et quand ils disparaîtront, la société sera bien malade. A ces deux causes de succès s'en joignit une troisième: la société d'émulation fut populaire.

J'ai parlé plus haut de modifications apportées par M. Ladoucette au règlement de la société de l'an VII. Celle-ci ne s'occupait que d'agriculture, fort peu d'industrie; le préfet divisa les travaux de la nouvelle compagnie en quatre sections: 1° agriculture, 2° industrie, 3° arts libéraux et mécaniques, 4° sciences et belles lettres.

Les matières agricoles sont de leur nature sèches et arides; beaucoup d'esprits ne savent, ne veulent les comprendre. La ville, à tort ou à raison, s'en soucie peu. Une société purement fondée en vue de l'agriculture fera beaucoup de bien, mais ne jettera jamais un grand éclat. La société d'émulation au contraire, passionna la ville et le département, et pourquoi? parce qu'elle s'adonna de temps à autres aux belles lettres.

M. Ladoucette n'était pas seulement un homme de haute intelligence, un administrateur consommé, c'était encore un bel esprit. Il avait même les défauts de cette qualité; il faisait de l'esprit partout. Je lis de lui, dans le volume des Mélanges littéraires, l'éloge funèbre du général Vallier-Lapeyrouse et je regrette d'y trouver une phrase qui jure de se trouver en tel endroit. Il avait composé un roman parfaitement ignoré, et avec justice, s'il faut le juger par les fragments insérés dans le même volume. En outre, il tournait assez joliment les vers et nous a laissé quelques fables qui ne sont pas sans mérite. Il introduisit hardiment dans la société, à côté des matières les plus sérieuses, la prose académique et les vers de toute façon. Les littérateurs du pays, prosateurs et poètes, de même que les savants, eurent désormais un centre où ils purent se rencontrer. L'exemple des uns stimulant les autres, en peu de temps il se forma un faisceau d'hommes d'une distinction, d'un talent très-remarquables. Jamais, à aucune époque, les Hautes-Alpes ne paraissent avoir possédé autant d'hommes de mérite. Autour de MM. Ladoucette, Farnaud, Rolland, se groupent MM. Anglès, Pellegrin, Chaix, Delafont, Desherbeys, Rochas, Faure, Théodore Gauthier, Serres de la Roche, Labastie.

Dongeois, etc., etc. Ces Messieurs ont publié en 1807 un volume de mélanges qui renferme des morceaux vraiment remarquables à côté d'autres fort médiocres. Au reste, qui le croirait? au temps du directoire, du consulat, sous l'empire, Gap fut une ville littéraire. Elle avait dans son sein des auteurs dramatiques, des poètes lyriques, des acteurs même. On joua la comédie dans plusieurs salons, on la joua jusque sur la place publique et le peuple s'y portait en foule. Gap avait goût aux choses de l'esprit; les habitants prenaient plaisir aux séances publiques de la société; ils applaudissaient aux discours, aux vers : une musique d'amateurs rehaussait l'éclat de la cérémonie; il y avait même des chanteurs, des cantatrices, des chœurs d'hommes, de femmes. La séance levée, sociétaires, musiciens, chanteurs, tous se rendaient à la préfecture où un splendide banquet était servi. Au dessert les toasts pleuvaient, à l'Empereur, à sa famille, à M. Ladoucette, à sa mère, à sa femme : alors les petits vers gracieux, galants s'improvisaient. M. Rolland, le bon abbé, commençait; M. Ladoucette répondait; M. Farnaud commettait un quatrain; M. Anglès charmait les dames par la délicatesse et la mélancolie de ses accents; M. Faure embouchait la trompette héroïque; M. Gauthier ne disait rien du tout; il regardait, le malicieux écrivain. Un grand bal suivait, puis un souper. Cela retentissait en ville; les incidents de la journée couraient dans Gap; les dames tout en brodant, proposaient des bouts rimés à remplir, et les hommes tenaillaient leur cerveau et rimaient tant bien que mal. Tout cela tomba vers 1815. Une seule fois depuis, Gap se retrouva avoir de l'esprit et le fit voir. Il n'entre pas dans notre sujet de dire à quelle occasion.

La société d'émulation avait produit une sorte de fièvre littéraire et scientifique.

Au moment même de sa création, Mons-Seleucus, découvert

par M. Bonnaire, ouvrait son sein, offrait aux regards surpris les débris d'une ville romaine; un musée se fondait pour recueillir ces ruines précieuses, et à côté une bibliothèque pour conserver les ouvrages offerts à la société. Aujourd'hui où sont les débris de Mons-Séleucus, où sont les tableaux, les statues, où sont les livres? Tout cela a disparu. Il est heureux qu'on ait daigné conserver le monument de Lesdiguières.

Et maintenant entrons s'il vous plait dans l'une des salles du séminaire actuel. C'est là que la société tient ses séances; tout auprès se trouve le musée, à côté, l'école secondaire tenue par M. Rolland. Le président à vie est M. Ladoucette; il y a un vice-président nommé pour trois mois, deux secrétaires, trois archivistes. Il existe en outre un comité directeur de cinq personnes, parmi lesquelles M. Farnaud avec le titre de secrétaire trésorier. La société doit se composer de 80 membres, mais ce chiffre ne sera jamais atteint; on compte de plus 40 associés. Les dames sont représentés dans cette compagnie; parmi les sociétaires siège Mme Thérésia de Vitrolles; Mme de Beaufort d'Hautpoul est au nombre des correspondants. Une autre femme, Mme Eléonore de la Bouisse, qui s'est fait un nom plus tard, avait aussi brigué l'honneur d'être reçue à la société d'émulation, mais le comité, peu galant cette fois, jugea à propos de surseoir à sa réception jusqu'à ce qu'elle eût envoyé la preuve de ses talents en littérature. Les séances étaient de deux sortes, ordinaires, publiques. Ces dernières devaient avoir lieu trois fois par an, les 15 des mois vendémiaire, nivose, floréal. C'était de véritables solennités. On y lisait les morceaux les plus remarquables et réservés pour cette circonstance par un vote de l'assemblée. Ces lectures étaient agréablement variées; il y avait ordinairement un morceau agricole, un autre industriel, un purement académique, en outre plusieurs pièces de vers.

élégies, odes, fables, poésies légères, etc., le tout comme nous l'avons dit, entremêlé de symphonies et de chant. Les musiciens du temps, semble-t-il, ne manquaient pas de mérite, ils jouaient des morceaux d'opéras, d'opéras italiens surtout, avec assez de bonheur. Un membre de l'Athénée de Vaucluse, M. Bernardy-Valernes dédia, en 1808, une symphonie à grand orchestre à MM. les musiciens de Gap. Je trouve un grave ingénieur, M. Quesnel, chantant d'une voix agréable, selon le procès-verbal, dans un intermède.

Cependant la partie la plus remarquable de ces séances est celle où le président proclame les actes de vertu, les belles actions, les travaux importants qu'on a remarqués dans le département pendant l'année. Il s'éleva un jour, à propos des prix à décerner pour belles actions, une touchante discussion qui mérite d'être rapportée. Un homme se noyait dans le Buëch, sa femme se précipite pour le sauver, mais les forces lui manquent et tous deux périssaient sans le secours du citoyen Bennet qui se jette courageusement à l'eau et les arrache tous deux à la mort. A qui donner le prix, à la femme ou à Bennet? Après une assez vive discussion, on décida qu'ils en auraient chacun un (8 ventôse an XI).

Parmi les discours et les pièces de vers lus en séance publique, je n'en citerai point. La plupart ont trouvé place dans le volume des mélanges; on peut les y chercher. Quant au journal qui compte dix volumes (1804-1814), il ne fut fondé que 18 mois après la création de la société. La proposition de publier un journal d'agriculture et des arts qui paraîtrait tous les mois pour propager les principes d'une bonne culture et faire connaître les expériences utiles, fut faite dans la séance du 8 pluviose an XII par M. Ladoucette. Elle fut agréée avec un léger changement (la publication tous les deux mois), le 6 ventôse suivant, et le 1er floréal paraissait le premier numéro. Les principaux rédacteurs de ce recueil sont : MM. Farnaud, frères, Rolland, Ladoucette, Héricart de Thury, Quesnel, des ingénieurs, médecins, des chimistes, pharmaciens, des poètes même, mais peu ; le journal est spécialement agricole, industriel.

Tout cela c'est le côté extérieur de la société ; des travaux sérieux s'élaborent cependant, se poursuivent dans les séances ordinaires, dans les commissions. J'ai sous les yeux les procès-verbaux de cinquante-une séances de la société, il est incroyable combien de hautes et profondes questions y furent traitées. Le Gouvernement travaillait au code rural, et consultait à ce sujet les sociétés d'agriculture ; celle de Gap passa quelques séances à discuter ce code et transmit ses observations au ministre. A chaque instant un membre résidant ou associé soulève quelqu'importante question d'économie rurale, d'industrie, de morale, etc. On s'occupe du canal du Drac, du reboisement des montagnes, de l'endiguement des torrents, des plantations, de la culture de la pomme de terre, de l'acclimatement des mérinos d'Espagne.

Une charrue circulaire est inventée par M. Chaix, de Briançon ; un moulin à bras par un habitant du Dévolui ; un foule-grains, une machine pour écarter la neige sur les routes, une autre (la Tarandière) pour découvrir les sources sont présentés à la société par les inventeurs.

M. Serres (de la Roche) établit une scie à eau ; M. Desherbeys, le bienfaiteur d'une partie du département, propose l'établissement de filatures pour empêcher l'émigration annuelle ; il est question d'implanter dans les Hautes-Alpes une verrerie, une fabrique de colle forte, une fabrique de drap (à Embrun), etc.

Enfin, les questions scientifiques sont accueillies favorablement. Des modifications sont apportées aux béliers hydrauliques, au stéréotypage ; on discute sur l'équilibre des voûtes, sur les moyens d'empêcher les cheminées de fumer. Un honorable pharmacien d'Embrun, M. Chapuzet, présente plusieurs mémoires sur le carbure de fer, sur l'amianthe, etc. Sur tous ces travaux la société demande un rapport; elle écoute, discute, expérimente, récompense les découvertes utiles et signale à Paris les ouvrages remarquables.

Cette activité est encore entretenue par la fondation de divers prix. M. Barillon, de Serres, offre une somme de 400 fr. ou une médaille de cette valeur pour le meillleur mémoire sur cette question : « Quels sont les moyens employés dans les Hautes-Alpes pour faire disparaître les jachères, et quel est l'ordre le plus avantageux suivant lequel les plantes doivent y être cultivées ? » (6 ventôse an XII). Plus tard, en 1807, M. Ladoucette fonde un prix de 200 fr. pour le meilleur travail sur les émigrations périodiques qui ont lieu dans les Hautes-Alpes. La même année la société fonde deux autres prix, l'un à décerner à l'auteur du meilleur mémoire sur les procédés à suivre pour suppléer au tan dans la fabricationdu cuir; le second à l'ouvrage le plus remarquable sur les expressions vicieuses du ci-devant Dauphiné et spécialement du département des Hautes-Alpes. On sait que ce dernier prix fut remporté par M. Rolland dont le dictionnaire est encore estimé.

Parfois dans les séances éclataient des scènes qui ne manquent pas d'une certaine naïveté. M. Barety présente un jour un mémoire sur la bonification des vins; comme pièce à l'appui il apporte une amphore d'un vin jadis médiocre et aujourd'hui fort passable grâce à son procédé. Des verres sont distribués, chacun goûte le vin et le procès-verbal ajoute: « L'assemblé se déclare satisfaite » (3 prairial an XI). Un autre jour, le 3 pluviose de la même année, M. Taxil, d'Orpierre, fait lecture d'un travail sur le moyen de détruire les taupes. Voici la recette : On enfonce une branche d'églantier dans les trous de taupes ; alors l'animal se déchire les pattes en voulant vaincre les résistances, et comme, selon l'auteur, la piqûre de l'églantier est mortelle, la taupe est détruite. Cette communication est accueillie le mieux du monde et sur le champ, dit le procès-verbal, il s'engage à ce sujet une discussion lumineuse.

Plusieurs séances offrent un cachet de solennité remarquable. Telle est celle où fut présenté le manuscrit de Juvénis envoyé par la ville de Carpentras à M. Ladoucette. Tous les membres voulurent toucher cet ouvrage précieux. Il est seulement regrettable qu'on n'ait point songé à en faire une copie pendant qu'on l'avait à Gap. Tôt ou tard on sera bien forcé d'en venir là. Une autre séance solennelle eut lieu le 30 août 1807: M. Abrial titulaire de la sénatorerie de Grenoble y assistait. Un grand concours de monde animait la cérémonie. Ce jour là les premiers exemplaires du volume des mélanges furent présentés au sénateur et au président au milieu d'applaudissements unanimes ; la joie s'accrut encore au débit d'un impromptu de M. Rolland en l'honneur du sénateur; vinrent la distribution des prix aux élèves de l'école secondaire et des compliments en vers récités par les jeunes Pascal, Faure et Casimir Roubaud. Quelquefois la société se permettait d'aimables jeux de mots. Je lis dans le procès-verbal de la séance du 7 fructidor an XI la phrase suivante : « Le citoyen Bérard (1), de Briançon (il était aveugle), envoie ses mélanges phisico-mathématiques : on lit la description d'un photophore inventé par cet aveugle plein de lumières. » Disons tout de

(1) J'apprends à l'instant que la fille de ce savant, réduite à la mendicité, vient d'être chassée par la ville de Briançon, sous prétexte qu'elle a été longtemps absente du pays. Briançon a sans doute oublié Bérard l'aveugle.

suite que cette gaîté n'était pas continuelle. Dans cette même séance fut prononcé l'éloge funèbre du général Vallier-Lapeyrouse. « Après un morne silence, signe de la douleur profonde de l'assemblée, dit le procès-verbal, la société envoie le discours au comité central. » Un autre jour de douleur fut celui où l'on couronna le buste de M. Ladoucette nommé récemment préfet de la Roër : nous en parlerons plus bas.

Nous l'avons dit, les travaux sérieux n'occupaient pas seuls la société ; elle aimait aussi la poésie ; M. Anglès surtout, passait alors pour un poète distingué ; il lui lisait des élégies, des petits voyages à la Bachaumont, et même des romances. J'en trouve une touchante, selon le procès-verbal, sur la mort d'Alexandrine (Mme de Bimard, de Veynes). Les fables, les rondes mêmes étaient accueillies ; je lis une ronde à Charles très-mauvaise qui a pourtant trouvé place dans le volume des mélanges. C'est pousser l'indulgence trop loin.

Les travaux de la société d'émulation ne restaient pas renfermés dans les limites du département. S'il faut en croire M. Ladoucette (conseil général, 1806), ils étaient même plus estimés au dehors. Dans le pays, quelques malveillants cherchaient à nuire à la société. Il y aura toujours et partout des gens présomptueux, vantards, génies méconnus et avec raison, amoureux de leurs œuvres, détracteurs des œuvres d'autrui. Ces gens là, on les laisse crier et l'on marche. C'est ce que fit la société. Elle avait commencé à se répandre au dehors, en nommant correspondants des savants, des littérateurs célèbres, Mercier de l'institut, Millin l'antiquaire, Vigée, Fantin des Odoards, Delille, Sicard, Dupin ; elle avait envoyé des diplômes d'associé à Fourcroy, Chaptal, Fourrier, Monge et, qui le croirait? à l'illustre Wieland. Les ministres ne la perdaient pas de vue, voulaient qu'elle leur rendit compte chaque année de ses travaux, l'engageaient à consacrer une partie de son temps aux études archéologiques, à l'histoire locale. La publication des mélanges littéraires en 1807, malgré la médiocrité de l'œuvre, augmenta encore la réputation de la société dans un temps où il n'y avait en France que des écrivains de second ordre (1807). De tous côtés arrivent au bureau des lettres flatteuses; il en vient de l'Institut, de Delille, de Sicard, de l'impératrice Joséphine même. Que sont devenues toutes ces lettres? Je ne sais et j'en ai regret. Enfin arriva la récompense méritée par tant de travaux et d'efforts. Un législateur, M. Petit de Beauverger, fit à la société d'agriculture de la Seine, dont il était membre, un rapport sur les succès de la société des Hautes-Alpes. Le 5 février 1810 une médaille d'or fut décernée à la société d'émulation; M. Farnaud fut nommé membre correspondant de la société de la Seine, et six mois après une médaille d'or était accordée à ce même M. Farnaud pour un estimable travail de statistique. Toutefois un regret se mêla à la joie de cet honorable citoyen, il s'affligea que M. Rolland, son collaborateur le plus dévoué et le plus énergique, eût été oublié. Il réclama et obtint un diplôme de membre correspondant de la société de la Seine pour le savant professeur. Malheureusement, quand lui parvint l'avis de sa nomination, M. Rolland n'avait plus que quelques jours à vivre. C'était le second coup porté depuis un an à la société d'émulation. En 1809, M. Ladoucette était parti pour sa nouvelle préfecture, et dans la séance du 30 avril, la compagnie donna un libre cours à sa douleur. Des discours pleins de larmes furent prononcés par MM. Romane et Rolland, et la tristesse augmenta au moment où il fallut couronner le buste du bienfaiteur du pays. « En vain, dit le procès-verbal, de mélodieux concerts exécutés par des instruments de musique ont voulu soustraire un moment les cœurs à l'attendrissement que nous inspirait cette absence, on a éprouvé que le sentiment ne pouvait point se commander ni à l'un ni à l'autre sexe. Enfin, une jeune et aimable demoiselle, ayant reçu une couronne de fleurs des mains du vice-président, l'a placée sur la tête du fondateur de la société. » M. Rolland proposa pour inscription au buste un quatrain qui ne vaut que par le sentiment qui l'a inspiré.

Ce fut un an après cette cérémonie, presque jour pour jour (29 avril 1810), que s'éteignit M. Rolland. Ces deux hommes de moins, la société décline. Les procès-verbaux ne sont même plus tenus, grave symptôme de découragement, preuve funeste que l'œil du maître n'est plus là. Le journal se continue cependant et donne encore de bons articles durant quatre ans, mais les successeurs de M. Ladoucette n'encouragent point les travaux de la société avec autant d'amour; le dernier même, M. Armand, ne s'en occupe pas beaucoup et les évènements de 1814 la font disparaître. Sans doute elle était suspecte aux yeux du nouveau pouvoir, fondée qu'elle était par l'un des plus énergiques soutiens de Napoléon, et menée par M. Farnaud qui avait joué un rôle dans la révolution.

La question d'argent, d'ailleurs, me semble avoir porté le dernier coup à cette compagnie savante. Trois sources alimentaient son trésor : 1° la cotisation des sociétaires fixée à 36 francs par an; 2° les abonnements au journal. Ces abonnements dans l'origine furent forcés. Un arrêté du 18 ventôse an XII ordonne que tous les maires seront abonnés au journal sur les fonds communaux à raison de 3 francs par an, et engage les curés, desservants et fonctionnaires à prendre un abonnement. Le dimanche, après la messe, le maire ou le curé devait lire le journal aux villageois; 3° les subventions données par le conseil général. Ces fonds sont d'abord confondus avec les encouragements à l'agriculture, en sorte qu'on ne peut trop préciser ce que la société en retirait, mais il est probable que M. Ladoucette lui faisait bonne part dans la répartition. En 1808 on porte au budget, pour la société, une allocation spéciale de 500 francs. Cela dure jusqu'en 1813 où 1,500 francs sont alloués, mais à une condition, c'est que les maires auront un abonnement gratuit. Cette mesure bonne si elle eut continué, devint onéreuse l'année suivante lorsque l'allocation fut réduite à 800 francs. Il était arrivé que les maires ne payant plus d'abonnement, les curés, juges de paix et autres fonctionnaires, n'avaient pas renouvelé le leur, sous prétexte qu'un seul exemplaire suffisait bien pour un village. Dès lors avec 800 francs la publication du journal devenait au moins fort difficile, il cessa de paraître. D'ailleurs les évènements politiques tuaient momentanément l'agriculture et la littérature. On ne s'intéressait qu'à une chose, assouvir la faim dévorante de nos amis les ennemis, gorger d'or ces aimables chevaliers de nos rois, les soldats de l'invasion. En 1815, dans les Hautes-Alpes, il fallait trouver 300,000 francs par mois pour jeter au minotaure (Conseil général). Devant de telles calamités tout se tait, la science est muette, la poésie pleure, les académies périssent : celle de Gap ne résista pas, elle mourut en 1815.

Sur le point d'expirer, M. Rolland disait à M. Farnaud : « Maintenons la société d'émulation, qu'elle se soutienne parmi nous comme un monument glorieux de la sagesse de l'administration qui l'a créée et qui la protège. Nos instructions sont de nature à ne produire qu'un effet lent, mais leur efficacité n'en est pas moins certaine. Les bons citoyens apprécieront nos intentions, applaudiront à nos efforts, que nous importe l'estime des autres ! »

La société n'a survécu que de quatre ans à M. Rolland, mais sa mémoire est impérissable et ses travaux n'ont pas été perdus. « Elle a, dit M. Petit de Beauverger, créé des prairies artificielles, contenu les torrents, construit des canaux d'arrosage, régénéré, multiplié toutes les espèces de bestiaux, proportionné les engrais aux besoins, réparé les maux produits par la destruction des bois, fait sortir la population de son inertie, arraché les Hautes-Alpes à la misère. » Oui, son plus grand titre de gloire est d'avoir fait sortir la population de son inertie. L'apathie est le fléau du pays, on s'y berce, on s'y endort, la misère fond sur vous et vous dévore. Sous M. Ladoucette au contraire, sous la société d'émulation, le pays se lève et s'agite. Tout le monde travaille; plusieurs villages courent en masse faire des chemins, creuser des canaux, élever des digues; deux communes, Rosans et Guillestre, s'adonnent à de grands travaux d'agriculture qui les font citer pour modèles aux autres communes; les belles actions sont mises au jour, signalées au public, au gouvernement. Il y a dans le département des poètes, des prosateurs, des auteurs dramatiques (un villageois fait une comédie); il y a des chimistes, des mathématiciens, des mécaniciens; on fouille Mons Seleucus; on répète l'expérience d'Annibal, l'effet du vinaigre sur le roc; on parle tableaux et statues; enfin, et ceci résume tout, le Dévolui invente une machine et le curé de Névache fait des vers passables. Un beau rayon de soleil a lui dans ce temps sur nos montagnes. Si l'on demande ce que tout cela est devenu, nous répondrons avec le poète:

Mais où sont les neiges d'antan ?

Société d'agriculture, 1820-1821.

La notice sur cette troisième société sera courte; il est inutile d'ériger un vaste monument au souvenir d'un homme inconnu. Il est à remarquer que les gouvernements qui s'élèvent à la suite des malheurs publics cherchent tout de suite à tourner les yeux du peuple vers l'agriculture. La restauration, à son premier moment de liberté, imita cette manœuvre.

Le 14 août 1819, le ministre invite les préfets à créer dans les départements des sociétés d'agriculture. Le 15 février 1820, M. le chevalier Liégeard, préfet des Hautes-Alpes, prenait l'arrêté suivant : « Considérant que les succès obtenus par la société d'émulation créée par l'un de nos prédécesseurs nous répondent de ceux qui seront le résultat du dévouement et du zèle des mêmes hommes réunis en société d'agriculture, arrêtons ce qui suit :

Sont convoqués les 17 membres restant de la société d'émulation auxquels sont adjoints MM. Bucelle et Callandre. »

Ces messieurs se réunirent et se constituèrent en société. La séance d'ouverture eut lieu le 16 avril. Nous remarquons dans le discours du Préfet un solennel hommage rendu à l'ancienne société; si l'on rit d'elle aujourd'hui, comme on me l'a assuré, il paraît qu'on n'en riait pas encore en 1820. « Au nombre des institutions essentielles, dit M. Liégeard, j'ai remarqué que le département en regrettait une, qui, par la force des circonstances, n'existait plus que dans le souvenir du bien qu'elle a produit, et l'heureuse impulsion qu'elle a donnée à l'agriculture. Je n'ai pas désespéré de la voir revivre, etc. » Seulement un peu plus loin, il se privait d'un puissant moyen d'action, il rejetait ce luxe scientifique, cet éclat frivole, comme il appelait la littérature et la poésie, lesquelles, il faut l'avouer, avaient célébré dans le temps Napoléon et ses victoires.

La population ne se montra pas fort empressée autour de la nouvelle société qui ne fit guère que végéter. Des hommes remarquables de l'ancienne société, M. Farnaud seul restait, mais il était vieilli (55 ans), et d'ailleurs il avait bien d'autres fonctions à remplir.

La compagnie fut divisée en neuf commissions: 1re, labours, prairies artificielles; 2e, vignes, fabrications des vins; 3e, plantations, pépinières, bois; 4e, rivières, digues, canaux;

5e, troupeaux, haras; 6e, jardins potagers; 7e vers à soie, ruches; 8e, arts et métiers; 9o, recherches et exploitations de mines. Chaque membre pouvait faire partie de plusieurs de ces commissions à la fois. Il nous reste les procès-verbaux des séances de la société du 16 avril 1820 au 8 avril 1821. Dans cet espace d'une année, elle ne fait pas un seul pas en avant. Le 11 février 1821, le préfet, dans un discours sur les travaux de la société depuis sa fondation, expose clairement, sans le vouloir sans doute, qu'elle n'a encore rien fait, mais qu'elle pourrait faire beaucoup. Notons cependant la continuation de l'éternelle discussion sur le canal du Drac, à propos du rapport de M. l'ingénieur Sévénier, et un discours de M. Brochier sur la betterave champêtre.

La principale cause de l'insuccès de cette société est qu'elle ne publia pas de journal; elle fit bien paraître un premier numéro qui contient son règlement et sa séance d'ouverture, mais les abonnements ne vinrent pas et elle en fut réduite à parler. Elle parla pendant un an, se sentit fatiguée et ne dit plus rien (mai 1821).

Et maintenant qu'il me soit permis de faire des vœux ardents pour la prospérité de cette quatrième société qui se fonde sous nos yeux. Créée sous les auspices de l'administration départementale, forte du concours des hommes les plus marquants du département, enfin commençant ses travaux à une époque de calme et de sécurité, elle possède tous les éléments de réussite. Espérons qu'elle se perpétuera pour le bonheur du pays, ou que du moins, si un évènement imprévu la fait disparaître, on lui rendra l'honorable témoignage que rendait M. Liégeard à l'œuvre de son prédécesseur lorsqu'il disait: « J'ai remarqué que le département regrettait sa société d'émulation. »

Ch. Charronnet.

www.ingramcontent.com/pod-product-compliance
Ingram Content Group UK Ltd.
Pitfield, Milton Keynes, MK11 3LW, UK
UKHW020536180726
13839UKWH00006B/2534

9 782329 607023